AF319646

INSTITUT IMPÉRIAL DE FRANCE.

ACADÉMIE DES SCIENCES.

Extrait des *Comptes rendus des séances de l'Académie des Sciences*, tome XLIV, séance du 2 mars 1857.

CANAL MARITIME DE SUEZ,

RAPPORT

Par le Baron Charles DUPIN.

INSTITUT IMPÉRIAL DE FRANCE.

ACADÉMIE DES SCIENCES.

Extrait des *Comptes rendus des séances de l'Académie des Sciences*, tome XLIV,
séance du 2 mars 1857.

RAPPORT

*Sur les Mémoires relatifs au Canal maritime de Suez, présentés
à l'Académie par* **M. Ferdinand de Lesseps.**

Commissaires, MM Cordier, Elie de Beaumont, Dufrénoy, Amiral Du
Petit-Thouars, Baron Charles Dupin rapporteur.

« Messieurs,

» Vous avez fait choix d'une Commission composée de MM. Cordier,
Élie de Beaumont, Dufrénoy, amiral Du Petit-Thouars et moi, pour examiner les Mémoires et les études présentés par M. Ferdinand de Lesseps,
sur le projet d'un canal maritime à travers l'isthme de Suez.

» Les travaux dont nous allons vous rendre compte intéressent au même
degré les nations de l'Orient et celles de l'Occident ; ils sont relatifs à la plus
grande entreprise qu'on ait encore proposée pour ajouter aux voies naturelles de communication maritime. Il s'agit de restituer à la Méditerranée
la route que le commerce avait suivie dès la plus haute antiquité ; route qu'il
a perdue, depuis bientôt quatre siècles, par la découverte du cap de Bonne-
Espérance.

» Le concours des sciences et des arts peut seul rendre praticable une
révolution de cet ordre dans la navigation moderne. Pour la produire, il
ne faudra pas moins que les progrès qui caractérisent notre époque, dans
l'exécution des travaux hydrauliques les plus importants, dans les con-

D.

I

structions navales perfectionnées et dans l'art de naviguer soit à la voile, soit à la vapeur.

» Les peuples de l'antiquité ne considéraient pas avec autant de grandeur qu'on l'a fait de nos jours les communications commerciales à créer par la voie que nous venons d'indiquer.

» Ils bornaient leur ambition à joindre par un canal la mer Rouge avec le Nil : ce qui suffisait pour assurer les communications entre l'Égypte et l'Arabie.

» Cette œuvre fut commencée par le Pharaon Néchos, fils de Psammitichus.

» S'il faut en croire Hérodote, sous le seul règne de Néchos, cette entreprise aurait coûté la vie à 120,000 ouvriers. Malgré la grandeur d'un tel sacrifice, le Pharaon n'acheva pas le canal de Suez. Ce prince ayant voulu consulter un oracle, il en reçut la réponse qu'accomplir un pareil ouvrage, c'était travailler pour les barbares. Les Égyptiens, et les Grecs à leur exemple, appelaient barbares tous les peuples qui ne parlaient pas leur langue.

» L'oracle dut être satisfait qu'on n'exécutât point le canal, par respect pour sa prévoyance; mais il dut être affligé que les barbares, c'est-à-dire les conquérants, arrivassent précisément par la direction que devait suivre le canal.

» Vingt-quatre siècles plus tard, à Constantinople, précisément aussi pour le même motif, un oracle de nos jours fait ajourner le canal maritime dont nous entretenons l'Académie.

» Darius, le fils du Conquérant, voulut reprendre le projet du Pharaon Néchos; il en fut détourné par de prétendus savants. Ceux-ci lui persuadèrent que la mer Rouge était d'un niveau très-supérieur à celui de la Méditerranée; et qu'elle aurait, à ce que rapporte Diodore de Sicile, inondé la basse Égypte si l'on eût ouvert à ses eaux une voie qui communiquât avec le Nil inférieur.

» Les Ptolémées, inspirés par les idées d'Alexandre le Grand, ont achevé ce que les Égyptiens et les Perses avaient les uns commencé, les autres continué.

» Enfin, après la conquête des Romains, Adrien a perfectionné l'œuvre des Grecs pour communiquer entre la mer Rouge et la branche la plus orientale du Nil.

» Omar, le compagnon de Mahomet, ayant conquis la vallée du Nil, son lieutenant Amrou lui présenta l'idée d'un canal direct de Suez à Péluze. Ce canal, en joignant les deux mers, devait être pour la patrie de Mahomet le principe d'une prospérité nouvelle; mais un conquérant ignare, qui brûlait la bibliothèque d'Alexandrie comme inutile ou dangereuse, cet esprit borné n'était pas fait pour comprendre une si grande idée. Au lieu de voir, dans une pareille entreprise, le moyen de conduire plus vite les Arabes à la conquête de l'Occident, Omar eut peur que cette voie ne conduisît trop aisément en Orient les flottes européennes.

» Plus tard, un autre musulman, El-Mansour, fit obstruer le canal de Suez au Nil, pour empêcher qu'on transportât les blés de l'Égypte à la Mecque, à Médine, qu'il se proposait d'affamer.

» Ainsi fut abandonnée, pour n'être jamais rétablie, la voie navigable entre la mer Rouge, le Nil et la Méditerranée.

» Cependant, lorsqu'à la fin du siècle dernier un autre Alexandre eut à son tour conquis l'Égypte, son soin le plus empressé fut d'aller à la recherche des vestiges du canal terminé par les Ptolémées, vestiges qu'il découvrit le premier. Il chargea l'ingénieur Le Père d'étudier la topographie des contrées qui séparent la mer Rouge et le Nil, d'en exécuter le nivellement et de préparer le projet d'un canal complet.

» D'autres destinées rappelèrent à Paris le conquérant de l'Égypte, et les Français perdirent l'idée de canaliser dans cette contrée. En définitive, les conceptions de Le Père n'eurent d'autre réalité que leur publication dans le grand ouvrage, monument immortel d'une conquête passagère.

» On serait injuste en se montrant trop sévère à l'égard de l'ingénieur Le Père, pour l'erreur qu'il a commise dans un nivellement qu'il dut accomplir au milieu des circonstances les plus difficiles, avec des moyens insuffisants, et sans contrôle praticable d'une double opération. Il eut l'infortune de trouver à la mer Rouge une élévation beaucoup trop grande au-dessus de la Méditrranée.

» Mais ses études sur la grande vallée qui, du nord au midi, marque l'antique connexion de la mer Rouge à la Méditerranée, et sur le vallon transversal qui réunit à celle-ci la vallée même du Nil, de telles études n'en étaient pas moins précieuses. Elles mettaient en relief la pensée de rétablir une canalisation depuis longtemps disparue : Le Père en proposait l'extension jusqu'au port d'Alexandrie.

» Ces conceptions se trouvent consignées dans le grand ouvrage sur lequel la postérité ne pourra jamais fermer les yeux. En moins d'un demi-siècle elles ont porté les plus heureux fruits. Le célèbre Méhémet-Ali, le destructeur des Mameluks, étant devenu maître de l'Égypte, il s'inspira de nos traditions. C'est d'après elles qu'il creusa le canal de Mahmoudieh, qui conduit d'Alexandrie au Caire : ce canal rétablit entre ce port et les lieux où fut Memphis une communication aquatique impraticable depuis des siècles.

» Tandis que Méhémet-Ali fondait sa fortune en Égypte, les Anglais doublaient la leur en Orient. Lorsqu'ils eurent acquis cent millions de sujets dans les bassins du Gange et de l'Indus, ils furent les premiers à sentir le besoin d'établir, entre leur métropole et l'Inde, une communication moins détournée, moins lente et moins périlleuse, que la voie du grand Océan par le cap de Bonne-Espérance.

» Des études approfondies les convainquirent à tel point des avantages que présente la direction de Suez, qu'ils ne voulurent attendre l'exécution d'aucun ouvrage d'art entre la Méditerranée et la mer Rouge. Ils établirent deux navigations accélérées par la vapeur ; la première, depuis l'Angleterre jusqu'au port d'Alexandrie ; la seconde, depuis Suez jusqu'à Bombay, à Calcutta, à Syngapore, à la Chine. Pour compléter chaque voyage, les dépêches, les voyageurs et les trésors furent transportés sur des chameaux, ces navires du désert, entre Alexandrie et le Caire, entre le Caire et Suez.

» A partir de ce moment, tous les efforts des Anglais tendirent à créer un moyen de communication moins imparfait et moins lent que celui des bêtes de somme, pour franchir l'isthme de Suez.

» Dès 1830, entre Manchester et Liverpool, le génie britannique avait produit une révolution complète dans la construction et la circulation des routes, par l'application de la vapeur à la traction des voitures. Il fallut cependant près de vingt années avant qu'on entreprît un chemin de fer dirigé d'Alexandrie vers le Caire, en attendant le chemin complémentaire qui doit le prolonger jusqu'à la mer Rouge.

» Lorsque cette voie sera terminée, on aura résolu l'un des problèmes désirables pour communiquer entre l'Europe et l'Inde. En apparence, on aura réduit le parcours au minimum de la durée. Cent jours de navigation par le cap de Bonne-Espérance auront été remplacés par vingt à vingt-cinq jours, y compris la traversée par terre de l'isthme de Suez.

» Cependant, au moyen de ces innovations, on n'aura conquis la rapidité qu'aux dépens de l'économie. On ira quatre fois plus vite, mais avec une dépense double, au moins, de celle qu'exige aujourd'hui la navigation qui fait le tour de l'Afrique avec le seul secours du vent.

» Cette aggravation de la dépense, un peu trop souvent secondaire aux yeux des gouvernements, est très-grave aux yeux du commerce. Elle a suffi pour que la plus grande partie des transports maritimes continuât de s'effectuer par la route la plus longue.

» Aujourd'hui le chiffre qui représente le tonnage total des bâtiments expédiées de la Grande-Bretagne vers l'Orient, se subdivise ainsi qu'il suit :

	POUR L'ÉGYPTE.	POUR LES INDES ORIENT.	POUR L'AUSTRALIE
Navires à vapeur.........	32,979^t	»	6,465^t
Navires à voiles..........	133,053	591,653^t	118,132

L'Égypte et l'Orient pris ensemble :

Navires à vapeur.... 39,444 } Rapport.... 1000 : 21350
Navires à voiles..... 842,838 }

» Ainsi, jusques à ce jour, les plus beaux perfectionnements des transports à la vapeur, par terre et par mer, laissent encore la complète supériorité commerciale à la voie océanique, préférée depuis quatre siècles.

» En présence de cette supériorité persistante, la pensée se reportait d'elle-même sur l'ouverture d'une voie directement navigable, à travers l'isthme de Suez.

» Dès 1841, M. Linant, ingénieur du vice-roi d'Égypte, s'unissait à M. Anderson, le directeur actuel de la Compagnie orientale péninsulaire des navires à vapeur. Leur but était de créer une association assez puissante pour percer l'isthme par un grand canal maritime; ils ne réussirent pas à la constituer.

» Cinq ans plus tard, une société nouvelle reprenait les plans de M. Linant, qui s'était prononcé pour un canal des deux mers. Cette société fit exécuter un travail préliminaire de la plus haute importance; c'était un nouveau nivellement de l'isthme, entre Suez et Péluze. Un excellent observateur, M. Bourdaloue, fut chargé de cette opération.

» Sous sa direction furent exécutés deux nivellements dirigés en sens contraires, l'un de Suez à Tineh près Péluze, l'autre de Tineh à Suez, pour vérifier l'un par l'autre. On combinait dans ces deux opérations un personnel aussi nombreux qu'expérimenté, muni d'instruments très-exacts.

» Après cette époque, on a fait encore d'autres nivellements directs et trois nivellements indirects; ils concordent entre eux et confirment les résultats inattendus donnés par M. Bourdaloue.

» Par l'ensemble de ces moyens, il est aujourd'hui constaté que la hau-

teur moyenne des eaux de la mer Rouge surpasse seulement de 68 centimètres la hauteur moyenne de la Méditerranée. Un canal sans écluses, bosphore véritable entre les deux mers, ne présentera donc pas, comme celui
de Constantinople, un courant qui toujours marchera dans le même sens.
Suivant les vents et les marées, la mer Rouge pourra s'élever de manière à
porter à plus de deux mètres la différence de niveau des deux mers; en
d'autres moments cette différence pourra se réduire à zéro, et quelquefois
devenir négative.

» Les promoteurs de la seconde association n'ont pas plus persévéré que
ceux de la première dans leur projet d'une canalisation ; leurs vues se sont
portées de préférence vers le chemin de fer que nous avons mentionné.

» Trois ingénieurs d'un rare mérite s'étaient unis à la seconde association pour l'étude des travaux : un Anglais, M. Stephenson, le célèbre con-
structeur de chemins en fer; un Autrichien, M. Negrelli; un Français,
M. Paulin Talabot. Il est résulté de leur concours une conception très-
remarquable de ce dernier ingénieur.

» Le projet de M. P. Talabot était d'ouvrir un canal à très-grande section,
avec une profondeur d'eau de 8 mètres, qui permettrait le parcours des plus
puissants navires de commerce.

» Une première partie reproduisait à peu près le tracé des Ptolémées,
amélioré sous le règne d'Adrien ; elle devait conduire de Suez au Caire et déboucher dans le Nil, au-dessus du barrage de *Saïdieh*. On aurait traversé le
fleuve librement, ou par un pont-canal; ou aurait ouvert une seconde section aboutissant à la Méditerranée dans le port-vieux d'Alexandrie. Ce projet, le triumvirat auquel il avait dû sa naissance, n'a pas essayé de le faire
adopter.

» Tel était l'état des choses lorsqu'en 1854 M. Ferdinand de Lesseps a
saisi la pensée d'un grand canal maritime, et l'a poursuivie avec une tout
autre persévérance que ses divers prédécesseurs.

» Il fallait éviter des jalousies internationales qui souvent paralysent les
projets les plus utiles au genre humain. Le nouveau promoteur d'une conception qui depuis vingt-cinq siècles s'élabore et s'avance avec tant d'obstacles,
M. de Lesseps s'est fait accorder, par le vice-roi d'Égypte, l'autorisation de
constituer une association qui ne s'appuierait sur l'amour-propre, sur l'in-
telligence et les moyens financiers d'aucune puissance en particulier; qui
ferait appel au même intérêt chez toutes les nations, et se constituerait sous
le titre de *Compagnie universelle du canal maritime de Suez*.

» M. de Lesseps s'est proposé de mettre à profit les lumières émanées de
tous les projets antérieurs.

(7)

» Deux ingénieurs du vice-roi d'Égypte, MM. Linant et Mougel, beys, avaient déjà dressé des plans et des calculs. Ces premières études ont été prises pour point de départ, mais sans préférence préconçue. Les innovations, les améliorations ont été sollicitées et reçues, de quelque contrée qu'elles provinssent. L'œuvre finale, ainsi rendue moins personnelle, n'en est devenue que plus facile à l'acceptation universelle.

» Lorsque le programme raisonné de M. de Lesseps fut mis au jour, un vif assentiment se manifesta chez les peuples les plus éclairés, les plus calculateurs et les moins aventureux. En même temps, des objections nombreuses et graves furent présentées ; elles furent soutenues avec beaucoup d'assurance et, disons aussi, de talent.

» Afin d'arriver à résoudre les difficultés, à répondre s'il se pouvait aux objections, à profiter des critiques et des avis salutaires, à formuler une solution définitive, M. F. de Lesseps eut l'heureuse pensée d'obtenir la formation d'une Commission d'ingénieurs civils et maritimes, d'hydrographes et d'officiers de marine ; ils furent demandés aux gouvernements des pays les plus intéressés dans la question du canal projeté.

» Par ce moyen, l'amour-propre d'aucun peuple ne devait être froissé, puisqu'aucun peuple ne pourrait regarder comme sa propriété la conception définitive : paralyser les vanités internationales, c'est avoir fait le plus grand pas vers un concours universel.

» Voici comment les nations ont été représentées dans la *Commission internationale* :

» Pour l'Égypte, MM. Linant et Mougel, beys, les ingénieurs en chef du vice-roi.

» Pour la Hollande, qui possède encore des îles de grande importance en Orient, M. Conrad, ingénieur en chef des travaux hydrauliques du *Water-Staat*, à la Haye. C'est M. Conrad que la Commission internationale a constamment choisi pour la présider.

» Pour l'Autriche, l'héritière des intérêts de Venise et de l'Adriatique, M. de Negrelli, inspecteur général des chemins de fer de l'Autriche. M. de Negrelli s'est rendu l'auteur d'études de projets fort remarquables.

» Pour les États sardes qui comprennent Gênes, la seconde puissance navale de la Méditerranée avant la découverte du cap de Bonne-Espérance, M. Paléocapa, Ministre des travaux publics, à Turin.

» Pour l'Espagne, qui conserve dans les mers d'Asie les îles importantes des Philippines, M. Cipriano Segundo, directeur général des travaux publics, à Madrid.

» Pour l'Angletere, la puissance maritime entre toutes la plus intéressée au percement de l'isthme de Suez, MM. Rendel et Mac-Clean, ingénieurs des ports; M. Charles Manby, secrétaire de la Société des Ingénieurs civils; enfin M. Harris, capitaine de la marine britannique, recommandé par *soixante-dix voyages* sur la ligne de la mer Rouge et de l'Inde, sans qu'il ait fait naufrage une seule fois, sur cette mer Erythrée qu'on a représentée comme périlleuse au plus haut degré.

» Pour la France, M. Renaud, inspecteur général des Ponts et Chaussées; M. Lieussou, ingénieur du corps impérial des Hydrographes; M. Jaurès, capitaine de vaisseau; et M. le contre-amiral Rigault de Genouilly, après son retour de l'expédition de Crimée.

» Telle a donc été la grande Commission chargée d'approfondir toutes les questions, et de résoudre les objets que peut soulever la communication entre la Méditerranée et la mer Rouge.

» La Commission ainsi constituée a divisé ses opérations en deux parties : la première qui devait s'accomplir en Égypte, au moyen d'une sous-commission, laquelle verrait tout de ses yeux; la seconde partie des opérations consistait à discuter en conseil général toutes les solutions, pour parvenir aux dernières conclusions : c'est à Paris que s'est accompli ce travail définitif.

» La Commission avait à choisir entre différents systèmes et différents projets. Elle a commencé par apprécier l'importance capitale d'un canal maritime suffisant pour recevoir les bâtiments du plus grand tonnage qui soient maintenant employés par le commerce.

» Elle a fait un examen approfondi du projet qui satisfait à cette première condition, publié par M. Paulin Talabot, celui dont nous avons donné l'idée. La Commission rend hommage au talent qu'a déployé l'habile ingénieur qui s'est fait en France une réputation justement méritée, par la conception et l'exécution de travaux publics importants.

» Le premier inconvénient du projet conçu par M. Talabot est d'exiger une canalisation en ligne brisée, ayant près de cent lieues d'étendue, pour unir Alexandrie, le Caire et Suez; tandis qu'on peut communiquer entre les deux mers par une ligne directe de trente-sept lieues. Des difficultés très-grandes se rencontrent à la traversée du Nil, soit qu'on oblige les navires à franchir librement le fleuve, soit qu'on les fasse passer sur un large pont-canal assez élevé pour laisser couler sous ses arches les plus hautes eaux du fleuve. Cette élévation occasionnerait, dans les terres riveraines du canal, des filtrations qui produiraient l'effet le plus désastreux, lorsque les eaux du fleuve viendraient à baisser. De telles filtrations ramèneraient à la surface du sol, des dissolutions salines, et des efflorescences comparables à celles qui se produisent sur les bas-fonds des lacs égyptiens quand ils assèchent; elles frapperaient de stérilité des terres qui sont d'une fécondité justement renommée.

» Une dernière objection, c'est que les berges du canal intercepteraient une partie considérable de la canalisation primitive, toute affectée à l'irrigation : moyen par lequel le Nil propage la fertilité dans toute la basse Egypte.

» Un autre projet, qu'on doit à MM. Barrault, éviterait une partie de ces inconvénients. D'après ce projet on irait d'abord directement de Suez au lac Menzaleh ; ce lac serait traversé dans toute sa largeur, jusqu'au voisinage des dunes qui bordent la Méditerranée ; ensuite on longerait intérieurement le littoral dans toute la longueur de la base du Delta, jusqu'au port d'Alexandrie.

» Les Commissaires ont trouvé que ce système entraînerait, pour ménager les canaux d'alimentation et de décharge, une multitude de travaux accessoires qui, par leur quantité et par la difficulté d'exécution, seraient l'équivalent des gigantesques travaux de M. Talabot. En outre ce système détruirait de la manière la plus radicale, l'admirable système hydraulique sur lequel repose la prospérité de la basse Égypte.

» La Commission présente encore d'autres graves objections qui l'empêchent aussi d'admettre ce second projet.

Projet de MM. Linant-Bey et Mougel-Bey.

» Reste enfin le *tracé direct* d'une mer à l'autre, tracé dont les études très-complètes ont été préparées par MM. Linant-Bey et Mougel-Bey, ingénieurs en chef du vice-roi d'Egypte.

» Il faut avant tout porter notre attention sur l'étendue et la configuration du territoire, dans la partie la plus étroite de l'isthme qu'il s'agit d'ouvrir.

» Suez et Tineh, l'ancienne Péluze, presque situées sur le même méridien, sont les deux points extrêmes, et présentent pour latitudes,

$$\begin{array}{ll} \text{Suez} \dots\dots\dots\dots\dots & 31^\circ \ 3' \ 37'' \\ \text{Tineh} \dots\dots\dots\dots\dots & 29 \ 58 \ 37 \\ \hline \text{Différence} \dots\dots\dots & 1^\circ \ 5' \ 0'' \end{array}$$

» La distance entre les parallèles passant par les lieux extrêmes est égale à 120 kilomètres (30 lieues).

D.

» Dans cet intervalle le sol se présente avec la configuration la plus favorable, celle d'une longue vallée très-peu sinueuse.

» En suivant l'espèce de thalweg ou ligne des plus bas fonds, indiquée par
la nature, on ne trouve qu'un très-petit nombre de points où le sol s'élève
à plus de 2 mètres au-dessus du niveau de la Méditerranée; dans un seul
point, et sur une assez courte étendue, l'élévation est de 15 mètres. Ainsi
tout se réunit pour que la coupure des terrains élevés n'exige pas de très-
grands déblais.

» Voici le tracé du canal international: Si l'on part de Suez, on suit d'a-
bord le vallon qui contient les parties les plus basses ou le thalweg du territoire égyptien, d'où les eaux déversent naturellement dans la mer
Rouge. On avance, du sud au nord, dans une étendue d'environ 28 kilomètres; ensuite on parcourt un arc de cercle de grand rayon, pour péné-
trer dans un vaste bassin autrefois rempli par la mer Rouge. Ce bassin très-
allongé présente plusieurs dépressions consécutives qu'on appelle les *Lacs
Amers*, parce que leurs eaux sont salées; le canal traversera les *Lacs Amers*
dans leur plus grande longueur. On voit encore les vestiges de trois monu-
ments qu'avaient érigés les anciens Perses lorsqu'ils avaient conquis le pays,
et repris les travaux de canalisation commencés par le Pharaon Néchos. Le
premier monument est auprès de Suez. Le second est à l'endroit où s'élevait
l'ancienne Cambysis : la station de Cambyse est située vers le centre du tour-
nant circulaire qui précédera les Lacs Amers. Le troisième, au delà des Lacs
Amers, est connu sous le nom du *Sérapeum*. Ce dernier s'élève en deçà du lac
Timsah, qui deviendra le *port intérieur* de la canalisation nouvelle, à 80 kilomètres de Suez.

» Au delà du lac Timsah, le canal se dirige en ligne droite vers le nord,
en inclinant très-légèrement à l'ouest. L'on traverse le lit de l'ancien canal de
Néchos. Il faudra percer un terrain culminant qui, pour plus grande élévation
du sol entre les deux mers, offre une hauteur de 15 mètres seulement et
dans une assez courte étendue. Ce seuil franchi, l'on descend vers les bas-
fonds qui communiquent sans solution de continuité, jusques au lac Menzaleh.

» Nulle part à l'orient de ce tracé, du côté de l'Asie, l'on ne trouve de
terres cultivées dont les filtrations du canal pourraient compromettre la
fertilité. Les eaux actuellement existantes dans la vallée que l'on parcourt
sont toutes en libre communication avec le lac Menzaleh, qui lui-même
communique à la Méditerranée; elles se trouvent au niveau qu'auront les
eaux du canal proposé.

» Il importait de reconnaître si la nature des terrains ne présenterait pas

(11)

des difficultés extraordinaires d'excavation pour former le lit d'un très-
grand canal maritime.

» A cet effet on a percé dix-neuf puits d'épreuve qu'on a creusés jusqu'à
plus de neuf mètres au-dessous du niveau des eaux de la voie projetée. On
a coté soigneusement la succession et l'épaisseur des couches, ainsi que leur
nature. Le Mémoire plein d'intérêt, où sont décrits tous les sondages et la
géologie des couches, est l'œuvre de M. Renaud, inspecteur général des
ponts et chaussées de France.

» Excepté dans une partie d'assez peu de longueur, auprès de Suez,
contenant du gros sable agglutiné qui présente presque une consistance
de roche, on a trouvé, non pas des couches de pierres, mais des veines de
sable pur ou mélangé d'argile; c'est d'autres fois de l'argile pure, et par oc-
casion quelques couches de sulfate de chaux.

» Dans le travail soumis à l'Institut se trouvent les constatations et les
descriptions de toute cette étude géologique, étude en elle-même pleine
d'intérêt.

» Entre Suez et les Lacs Amers, le sous-sol a présenté surtout des couches
d'argile, plus ou moins mélangées de sable. On s'est assuré que l'entreprise
des déblais ne présentera pas de difficultés considérables.

» L'examen des superficies était un autre objet important. Le tracé qui
les sillonne est aux confins du désert arabique; ne doit-on pas craindre que
les vents n'apportent des tourbillons incessants de sable, et que ce sable,
déposé dans le lit du canal, n'occasionne des encombrements excessifs ?
Il faudrait, dans ce cas, des travaux dispendieux pour un curage sans fin.
Mais la dépense n'en serait pas le seul inconvénient; les machines qu'on
emploierait gêneraient la circulation.

» Heureusement, l'expérience répond à cette objection. Le canal des
Pharaons, bien qu'il ne fût qu'à petite section, après tant de siècles d'a-
bandon, n'a pas cessé d'être visible. Dans quelques parties, les deux chaussées qui l'encaissaient montrent encore à nu leur relief de 5 à 6 mètres. Les
dépôts du sable transporté par les vents n'ont été par conséquent que très-
peu sensibles dans cette partie de l'isthme.

» Les Lacs Amers sont de simples dépressions dont la profondeur gé-
nérale est moindre que ne le sera celle du canal; ces lacs n'ont pas été
comblés par les sables que les vents charrient en venant du désert arabique;
leur fond, au contraire, est exhaussé par un limon du Nil.

» Dans la partie la plus déprimée, un premier forage a présenté des ag-
glutinations de coquilles. Elles forment une couche d'environ 20 centi-

2.

mètres d'épaisseur ; le reste est composé de sulfate de chaux et de sel marin. Un autre forage n'a donné que du sel marin, sur une épaisseur qu'on évalue de 7 à 8 mètres.

» Ainsi, dans la partie que les sables du désert auraient pu combler le plus aisément, on cherche en vain les effets de leur accumulation.

» A l'égard du lac de Timsah, qu'on trouve au centre de l'isthme, il n'est aujourd'hui rempli d'eau qu'à l'époque des plus grandes crues du Nil ; tout démontre qu'il doit avoir été, dans une antiquité reculée, en communication avec la mer Rouge.

» En effet, les sondages de ce lac ont donné des couches de coquillages dont les similaires sont particuliers à cette mer. Un limon, tribut du Nil, recouvre cette couche de coquillages.

» Si quelque jour le souverain de l'Egypte veut reprendre l'œuvre des grands princes qui furent les bienfaiteurs de cette contrée, et s'il veut se rapprocher du tracé que suivait le canal antique, c'est à partir du lac Timsah qu'il devra se diriger sur le Caire, par la vallée qui s'avance de l'orient à l'occident et qui conduit au bord du Nil. Il conviendra qu'alors on remonte jusqu'auprès du Caire, au barrage de Saïdieh.

» Dans le dernier tiers de la ligne directe que nous suivons et qui finit à la Méditerranée, le sable est assez ferme sous les pas. Il n'est, disent les Commissaires, nullement mobile sur la ligne du canal : partout il permet la végétation du désert, et les buissons ont une épaisseur suffisante pour qu'il soit impossible aux chameaux de les traverser.

» Ne pourrait-on pas, des deux côtés du canal, planter en arbres verts ce terrain sableux qu'on doit, ce nous semble, comparer à celui de notre département des Landes ? Ce serait pour l'Egypte un immense bienfait ; on ferait disparaître d'éternelles sécheresses, et par là des terres nouvelles seraient rendues cultivables.

» Nous avons vu constater la faible différence de niveau qu'offrent la mer Rouge et la Méditerranée. Il en résulte qu'alternativement, suivant le vent et les marées, les eaux à partir de Suez pénétreront dans le canal ou reflueront en sens contraire, avec des vitesses variables. Le calcul de ces vitesses était un sujet fort important. M. Lieussou, savant hydrographe de la marine française, a fait ce travail au moyen de formules données par feu notre confrère de Prony. Il en a conclu la nécessité d'empierrer les digues du canal entre Suez et les Lacs Amers ; il a démontré l'inutilité d'un tel moyen entre ces lacs et la Méditerranée. La Commission internationale a fait droit aux conclusions de ces recherches ; en conséquence, les devis sont calculés dans le système de l'empierrement des chaussées du canal, entre Suez et les Lacs Amers.

» Après avoir reconnu non-seulement la possibilité, mais l'avantage d'un canal direct à grande section, sans point de partage et sans écluses, dans une longueur de 147 kilomètres, il faut en étudier les issues dans la mer Rouge et la Méditerranée.

Issue du canal dans la mer Rouge.

» La rade de Suez est située dans la partie la plus septentrionale de la mer Rouge ; elle est protégée du côté de l'Afrique par la vaste montagne de l'Attaka, et du côté de l'Asie par des simples monticules.

» La rade a la forme d'une demi-ellipse dont le plus grand diamètre compte 12 kilomètres et le plus petit 8 kilomètres.

» Pour passer de la rade dans le port de Suez, on construira deux jetées parallèles à 400 mètres de distance l'une de l'autre :

Jetées.	Longueur.	Direction.
1°. Jetée du sud-est..............	2,000 mètres,	N. 30° E.
2°. Jetée du nord-ouest........	1,800 mètres,	S. 30° O.

» Lorsqu'on arrivera de la mer Rouge à Suez, on entrera dans une rade dont les fonds varient de 5 à 13 mètres, et dont la superficie est assez vaste pour permettre le mouillage simultané de 500 navires.

» A partir des jetées qui du côté de la mer Rouge termineront le canal, on a creusé dans la rade un avant-chenal, large de 500 mètres, et dont la profondeur, portée jusqu'à 9 mètres, se continuera naturellement et s'accroîtra jusqu'au milieu de la rade. Là, comme nous l'avons dit, la profondeur naturelle n'est pas moindre de 13 mètres.

» Quand nous partirons du centre de la rade pour parcourir le canal, nous pénétrerons entre les deux jetées dans une longueur de 2 kilomètres. Nous déboucherons dans l'arrière-port; nous aurons à notre gauche la plage où la ville de Suez est érigée du côté de l'Egypte, au pied du mont Attaka.

» Un large quai, qu'on bornera d'abord à 800 mètres de longueur, sera construit devant la ville pour les embarquements et les débarquements du port intérieur de Suez.

» Au nord de ce port ou bassin, commence le canal proprement dit où l'on naviguera *sans être arrêté par aucune écluse,* depuis la mer Rouge jusqu'à la Méditerranée. C'est ainsi qu'on navigue aujourd'hui, nous l'avons déjà dit, par le Bosphore, de la mer Noire à la mer de Marmara et de celle-ci à la Méditerranée.

Issue du canal dans la Méditerranée.

» Aux abords de la Méditerranée, la nature n'a point fait les mêmes frais qu'à l'extrémité de la mer Rouge.

» La ligne la plus directe, celle que suit le canal, traverse dans sa longueur, du sud au nord, le lac Menzaleh; elle vient aboutir à des dunes qui s'élèvent sur une plage sans abris. La plage, du côté de l'est, forme un arc peu prononcé : c'est le golfe de Péluze.

» A Péluze, autrefois, débouchait dans la mer la plus orientale des branches du Nil; cette branche n'existe plus. On ignorait jusqu'aux lieux où fut Péluze, lorsqu'en 1799 notre illustre confrère, G. Monge, en découvrit la position et les vestiges.

» C'est à 28 kilomètres de Péluze, du côté de l'occident, que la Commission internationale a fixé de préférence le débouché du canal dans la Méditerranée. En ce point, la côte présente le sommet d'un angle très-obtus, sommet qui termine le golfe Péluziaque. Là, le chenal aura l'avantage de trouver une pente plus rapide du sol sous-marin ; ce qui diminuera la longueur des jetées à construire, et les chances de dépôt des alluvions.

» Au point ainsi déterminé pour le débouché du canal, on construira le port de *Saïd;* Saïd est le nom du Vice-Roi, de ce prince éclairé sous les auspices duquel doit s'accomplir la grande entreprise.

» La côte en avant du lac Menzaleh présente un rebord, *un lido,* dont la largeur varie de 100 à 150 mètres, avec un relief qui n'a pas en général plus de 1^m,50 au-dessus de la basse mer.

» Considérons le golfe de Péluze. Du côté de l'orient, jusqu'au mont Casius, règne une chaîne de dunes sur lesquelles on trouve quelques végétaux : dunes qui, dès lors, peuvent être considérées comme à l'état fixe.

» Autour de Péluze il existe un fond vaseux, partie desséchée du lac Menzaleh. Ensuite à l'occident jusqu'à Damiette, dans une étendue de 50 kilomètres, l'on voit la portion du lac où coulent tour à tour, en sens contraires : 1° les eaux qui proviennent du Nil ; 2° les eaux de la mer que poussent les vents et les marées, et qui pénètrent par les bouches appelées Bogahz : ces eaux déferlent quelquefois par-dessus *le lido.*

» Un fait extrêmement remarquable, c'est que la partie du littoral en avant de Péluze n'a pas varié depuis dix-neuf siècles. Entre la mer et les ruines de cette ville la distance est encore égale à la mesure assignée par le géographe Strabon.

» On peut considérer comme immuable le cordon du littoral qui s'étend de Péluze jusqu'à Damiette.

» Sur la rade de Péluze, les vents dont il importe de se garantir sont les vents d'ouest et de nord-ouest, qui parcourent la Méditerranée dans sa plus grande longueur ; ces vents sont ceux qui, sur la côte d'Égypte, soufflent avec le plus de violence. En conséquence de cette observation, des deux jetées à la mer qui formeront l'entrée du port de Saïd, la jetée de l'ouest, qui sera le vrai *brise-lame*, s'avancera le plus loin dans la mer. C'est elle qui protégera cette entrée.

» Ici la marée monte et descend de 22 centimètres au maximum ; elle monte et descend en valeur moyenne de 18 centimètres dans les syzygies, et de 9 seulement dans les quadratures.

» Au point fixé pour ouvrir le port de Saïd, il suffit de s'avancer à 2,300 mètres de la côte et l'on arrive à 8 mètres de profondeur d'eau. La pente sous-marine reste la même ; c'est la profondeur qu'aura le canal maritime, du côté de l'ouest, dans une étendue littorale de 20 kilomètres.

» C'est là qu'on doit le moins craindre les atterrissements, puisqu'en cette partie la mer tendrait plutôt à produire des érosions que des dépôts d'alluvions.

» On a prétendu que, dans la baie de Péluze, des atterrissements menaceront tous les travaux qu'on peut entreprendre à la mer.

» Un premier fait est remarquable : sur le rivage de cette baie il n'y a pas trace d'une vase ou d'un limon, tel que le fleuve en charrie. Les alluvions qui sortent du Nil par les différents boghaz, ces alluvions mélangées de beaucoup de vase et d'un peu de sable fin, sont agitées et comme tamisées dans la mer. Dès que le mouvement de translation se rallentit, le sable, plus pesant, se précipite ; ensuite la vase finit par être entraînée loin de la rive, et dispersée dans les profondeurs de la mer.

» Nous ne pouvons que renvoyer aux observations remarquables ainsi qu'aux déductions, aussi fines que judicieuses, présentées par la Commission internationale, pages 111 à 416, déductions dont le terme est cette conclusion :

» Ainsi tombe pour nous la seule objection élevée contre le tracé direct. Faire déboucher le canal à travers la plage immuable du golfe de Péluze n'est pas du tout une impossibilité. C'est une œuvre plus facile que celle du port de Malamocco, créé pour Venise dans des conditions plus défavorables, et pour un objet moins important.

» A l'ouest de la baie de Péluze, la côte peut être considérée comme une rade foraine. Par d'anciens capitaines marchands du port de Marseille, on a su qu'autrefois les bâtiments caboteurs à voile, qui naviguaient sur les côtes d'Égypte et de Syrie, cherchaient souvent un abri naturel dans cette partie du littoral.

» Les abords du port de Saïd n'auront par conséquent rien de redoutable pour les navires.

» Son entrée se trouvera parfaitement libre comme celle du port de Suez. Afin d'en rendre l'accès plus facile, deux jetées parallèles seront établies à 400 mètres de distance l'une de l'autre; celle de l'occident s'avancera dans la mer jusqu'à 3,500 mètres; celle de l'orient n'aura de longueur que 2,500 mètres, et ne sera poussée qu'à l'endroit où la mer a $8\frac{1}{2}$ mètres de profondeur.

» L'extrémité du musoir de la première digue sera légèrement infléchie, de manière que la tangente aux musoirs des deux digues soit précisément dirigée du S.-S.-O. au N.-N.-E.

» On obtiendra de la sorte *une rade couverte* dont la superficie sera de 40 hectares, où les navires pourront entrer par tous les temps. Entre les jetées, on se procure un avant-port ayant de superficie 72 hectares; on passera de cet avant-port dans le bassin carré de Saïd, large de 800 mètres. La contenance de ce bassin sera de 64 hectares.

» On aura soin de ne revêtir de maçonnerie qu'un seul côté du bassin parallèle à l'axe du canal, afin d'en accroître la capacité si les besoins d'un commerce toujours croissant le rendaient indispensable.

» Tel est l'ensemble des travaux nécessaires à l'exécution d'un canal des deux mers pour naviguer sans écluses avec des navires du plus fort tonnage ayant jusqu'à 3,000 tonneaux, entre la Méditerranée et la mer Rouge.

Dépenses présumées.

» L'exécution du canal, de son entrée dans les deux mers et des trois ports, un d'intérieur et deux ports maritimes, cette exécution, d'après les devis détaillés faits par les ingénieurs du vice-roi, conformément aux prix du pays, puis contrôlés par la Commission internationale, cette exécution coûtera 162 millions y compris 14,570,241 francs pour dépenses imprévues et pour accidents inévitables. Cette somme, il conviendra de l'augmenter du montant des intérêts pendant la durée des constructions.

Services rendus par la Commission internationale.

» Les travaux de la Commission internationale n'ont pas été seulement ceux d'un contrôle exercé par des hommes d'une expérience consommée. Des perfectionnements considérables sont résultés de l'examen des lieux et des projets, auquel ont procédé ces personnes désignées par leur mérite. Le canal est devenu de la sorte on peut dire une œuvre commune, telle que l'était la composition même de la Commission internationale. On a trouvé par là le moyen de ne blesser la susceptibilité d'aucun peuple en particulier : motif assez faible aux yeux de la raison abstraite, mais d'un poids considérable dans les affaires humaines.

Examen des concurrences entre les diverses voies artificielles pour communiquer entre l'Europe et l'Asie orientale : 1°. Chemin de fer égyptien.

» En Égypte même, le canal maritime trouvera pour première concurrence le chemin de fer déjà presque terminé d'Alexandrie au Caire, et que l'on continue avec activité jusqu'à Suez.

» Sur ce chemin, les transports des voyageurs et des produits précieux pourront avoir une très-grande vitesse, par exemple 60 kilomètres par heure ; tandis que les navires sur le canal maritime, s'ils transportent des produits communs, ne parcourront guère que 8 à 10 kilomètres par heure.

» A la rigueur, et pour plus grande vitesse, les marchandises pourront être transportées en 6 heures par le chemin de fer d'Alexandrie à Suez ; et le parcours des marchandises communes, sur le canal maritime, pourra demander 20 heures ; supposons 30 et si l'on veut 35 pour la plus petite vitesse. Voilà le plus grand retard.

» Mais pour être économique, le transport des marchandises sur le chemin de fer exigera qu'on prenne un temps beaucoup moins court que 6 heures.

» Il est une autre considération bien plus grave que la différence de quelques heures, sur un parcours total de 20,000 kilomètres, entre l'Inde et l'Angleterre ou la France.

» L'avantage caractéristique d'un canal maritime, c'est qu'entre l'expéditeur et la personne à laquelle est adressée la cargaison, un seul et même navire prend la marchandise au départ et la délivre à l'arrivée, sans arrêts, sans débarquements, sans embarquements intermédiaires.

» Mais, avec un chemin de fer entre deux mers, tel que celui de l'Égypte, il est loin d'en être ainsi. Supposons par exemple qu'un navire de mille tonneaux, chargé dans un port d'Europe, entre dans le port d'Alexandrie. Il faudra d'abord qu'on débarque, avec ordre, avec soin, un million de kilogrammes de marchandises ; ensuite qu'on les charge sur un long train de wagons. Il en faudra plus de cent.

» En arrivant à Suez, il faudra reprendre le million de kilogrammes et

D.

le charger, suivant l'occurrence, sur un ou plusieurs navires supposés présents et prêts à partir.

» On peut concevoir tout ce qu'il faudra de temps pour accomplir cette multiplicité d'opérations. Mais il y a bien d'autres inconvénients que le temps consommé. Si les objets à transporter sont fragiles, s'ils craignent d'être tachés, déchirés, mouillés, etc., l'on multiplie le péril d'endommager les produits par ces débarquements et ces embarquements successifs. Nous l'éprouvons pour les meubles que nous faisons voyager sur des chemins de fer, et même pour des objets chargés et déchargés sous nos yeux.

» En 1851, lorsqu'il a fallu transporter à Londres des statues, des bas-reliefs et les beaux produits de la manufacture de Sèvres, malgré beaucoup de surveillance, la simple complication d'un chargement à Paris sur le chemin de fer du Nord, et d'un embarquement intermédiaire à Dunkerque, cette complication a suffi pour produire des accidents déplorables et briser les objets d'art les plus précieux.

» Il est un autre inconvénient, et capital. Quand les marchandises sont transportées sans changer de mains, le capitaine du navire répond personnellement de la conservation et du bon état des objets. Mais, quand les objets n'arrivent que par une deuxième, une troisième main, après deux voyages de mer entrecoupés par un transport sur chemin de fer, on ne sait plus à qui s'en prendre du mauvais état des objets transportés. Lorsque trois personnes isolées sont responsables d'un même dommage, sans qu'on puisse l'attribuer à l'une plutôt qu'à l'autre, en réalité personne n'est plus responsable; le commerce, alors, n'a ni sécurité ni garantie.

» Aux yeux des expéditeurs, de tels inconvénients suffiront pour faire préférer incomparablement un canal maritime, traversé par le navire unique, sans débarquements, sans embarquements intermédiaires. Dans ce système, on trouvera qu'au total le transport de la mer Rouge à la Méditerranée, même pour les envois de marchandises communes, exigera beaucoup moins de temps qu'avec le chemin de fer le mieux organisé. On préférera le canal pour la responsabilité réelle, pour la conservation des objets, pour l'économie du transport et pour la célérité finale.

» Nous avons raisonné dans l'hypothèse d'un roulage ordinaire ou d'une accélération moyenne.

» Mais, quand il s'agit de transports très-accélérés, l'avantage est bien plus grand pour un canal maritime. Aujourd'hui, ce sont les navires paquebots à grande vitesse qui font ce genre de transports; ils parcourent par heure environ 18 kilomètres; ils franchiront le canal en huit heures.

» Avec le chemin de fer intermédiaire, il faudra toujours deux paquebots au lieu d'un pour chaque voyage. On parcourra la distance de la mer Rouge à la Méditerranée en sept heures, en six heures si l'on veut, au lieu de huit heures; mais ces deux heures de gagnées, il faudra les compenser par un débarquement et un embarquement aux extrémités de la voie ferrée. Les voyageurs préféreront tous la voie du canal, qui les laissera dans les mêmes logements à bord, sans déranger leurs effets. A l'égard des masses d'or et d'argent, au lieu de les débarquer et de les rembarquer, puis de les exposer à travers l'Égypte pour gagner deux heures, on préférera pareillement les laisser dans la soute et sous la clef du capitaine d'un seul et même navire.

» Le chemin de fer entre Alexandrie, le Caire et Suez, ne servira donc au passage de mer en mer ni pour les transports à petite vitesse des marchandises communes, ni pour les transports accélérés des trésors et des produits précieux envoyés d'une mer à l'autre, ni pour la traversée des voyageurs. La voie ferrée sera simplement une voie locale de l'Égypte, pour la circulation intérieure et pour les envois particuliers de la vallée du Nil aux deux mers qui l'avoisinent.

2°. Chemin de fer syrien.

» Les explications que nous venons de présenter serviront à faire apprécier la comparaison qu'on peut faire entre le canal de Suez et le nouveau chemin de fer qu'on a dessein de construire à travers l'Asie Mineure, pour aller de la Méditerranée aux mers de l'Inde.

» Un chemin de fer partira de l'ancienne Séleucie sur le rivage syrien, pour circuler entre le Liban et l'Anti-Liban; puis déboucher à Byr, sur la rive droite de l'Euphrate. C'est un premier parcours de plus de soixante lieues.

» On rendra péniblement l'Euphrate navigable, pour la descente et la remonte, depuis ce chemin jusqu'au fond du golfe Persique.

» Cette voie pourra permettre de transporter avec rapidité des voyageurs, des corps de troupe, et même au besoin des munitions de guerre, des bouches à feu, etc. Elle servira pour la circulation intérieure d'un pays autrefois opulent, industrieux; mais qui l'est moins aujourd'hui, surtout la Mésopotamie.

» Lorsqu'il s'agira de transporter d'une mer à l'autre les marchandises communes ou non, telles que les offre le commerce, les opérations seront plus compliquées que pour le chemin de fer égyptien.

» Considérons le navire de mille tonneaux qu'on a pris pour terme de com-

3.

paraison, parti par exemple d'Angleterre. Il faudra d'abord à la côte de Syrie
débarquer un million de kilogrammes; puis les charger wagon par wagon
sur le chemin de fer; les décharger au bord de l'Euphrate et les embar-
quer sur de légers navires à vapeur, tels que pourra le permettre l'Euphrate, encore bien loin de son embouchure. Si l'on prend Bussora comme
terme de la navigation fluviale, on devra transporter les marchandises
d'un bateau de rivière dans un navire approprié pour la haute mer, appa-
reiller de nouveau pour franchir le golfe Persique et déboucher dans l'O-
céan oriental.

» Ici nous trouvons un embarquement, un débarquement de plus que
sur la voie d'Egypte; nous avons besoin de trois navires au lieu de deux,
sans compter le train des wagons sur un chemin de fer. Il y aura quatre mains
par lesquelles devra passer chaque produit, fragile ou non, susceptible ou
non d'être avarié par l'exposition au grand air, par l'eau, etc.

» Il paraît que l'on voudrait substituer, à l'Euphrate dont on s'effraye,
un chemin de fer latéral. Alors le transport par terre serait si long, qu'il
faudrait payer plus cher cette partie du voyage, que pour aller de l'Europe
dans l'Inde, en doublant le cap de Bonne-Espérance. L'avantage serait
possible pour des combinaisons militaires; au point de vue commercial, le
problème serait d'un résultat onéreux.

» La Grande-Bretagne a consulté les commerçants de Bombay, le principal port et le marché central pour le nord-ouest des grandes Indes. Elle a
voulu connaître leur jugement sur la préférence méritée entre les deux
voies : 1° du golfe Persique, de l'Euphrate et d'un chemin de fer; 2° de la
mer Rouge avec un canal maritime. Bombay, sans hésiter, s'est prononcé
pour la voie de l'Egypte et du canal maritime.

» Ce n'est pas un motif pour qu'on s'abstienne d'exécuter la voie de
communication composée du chemin de fer syrien, prolongé par la navigation de l'Euphrate. Cette ligne a son importance caractéristique.

» Elle rendra des services locaux dans le pays de l'Asie Mineure et de la
Mésopotamie.

» Nous avons déjà défini sa vraie nature; c'est une voie militaire, c'est
une route stratégique.

» Elle sera pour l'Euphrate ce qu'était autrefois le rempart de Trajan dans
le bassin du Danube, et la muraille de la Chine, au midi de la Sibérie; ces
lignes servaient pour tenir en respect du côté du nord les Scythes, les Huns,
les Tartares, etc., etc.

» Il est heureux qu'on ait obtenu du désintéressement de la Porte, en faveur d'un allié tout-puissant, qu'elle garantisse un revenu sur son Trésor, aux capitalistes qui feront les fonds de cette voie asiatique ; et qu'elle garantisse un revenu supérieur au taux moyen qu'on obtient pour les capitaux placés sur les chemins de fer d'Angleterre. C'est un plaisir considérable que la Turquie procure à la Grande-Bretagne, exempte de rien garantir et qui n'aura qu'à recueillir.

Concurrence du canal maritime avec la navigation par le tour de l'Afrique.

» En définitive, pour le transport de cette immense quantité de marchandises, échangées maintenant entre l'Europe et les grandes Indes, la voie par l'Égypte ne peut plus redouter qu'une concurrence non pas au nord, mais au midi : c'est la navigation continue par le cap de Bonne-Espérance.

» Ici se présente une question qui, depuis bientôt quatre siècles, influe sur le commerce du monde. Qu'il nous soit permis d'en offrir un très-bref historique, propre à rectifier des opinions erronées sur ce sujet de si haute importance.

» Jusqu'aux derniers jours du XVe siècle, le commerce ne connaissait pas la route de l'Europe à l'Inde en faisant le tour de l'Afrique.

» On passait au nord par Constantinople ou par l'Asie Mineure, par la Mésopotamie et le golfe Persique ; au midi par l'Égypte et la mer Rouge. Comment ces diverses directions ont-elles été tout à coup abandonnées ?

» Jean II, roi de Portugal, aspirait vivement à découvrir la voie la plus avantageuse pour communiquer avec les grandes Indes.

» Il avait la pensée d'ouvrir des relations commerciales avec le souverain de l'Asie qu'on appelait le prêtre Jehan. A cet effet il envoie deux agents, Cavillan et Païva, qui visitent d'abord Alexandrie et le Caire. Ils se rendent par caravanes à la mer Rouge, où l'on ne pouvait plus arriver suivant la voie de l'ancien canal obstrué depuis longtemps. Ils parcourent cette mer et visitent Aden, centre alors d'un commerce opulent. Là, les voyageurs se séparent ; Païva passe en Éthiopie et meurt victime du climat ; Cavillan s'embarque pour Calicut, à cette époque le plus grand marché de l'Indostan. En cet endroit il apprend que les épices les plus précieuses provenaient d'îles plus reculées vers l'orient. Calicut les recevait comme entrepôt avant qu'elles parvissent aux ports d'Arabie et de Mésopotamie, où les Vénitiens les achetaient pour les revendre à l'Europe. Le hardi voyageur reprend la mer, double l'entrée de la mer Rouge et parvient jusqu'à Sofala. Dans ce port on l'informe que le littoral de l'Afrique méridionale peut être côtoyé beaucoup plus loin vers l'occident. Il revient au Caire et se prépare à partir pour la capitale des États du prêtre Jehan : c'était en 1487. Il mande au roi Jean II que, si les navires qui naviguent en longeant les côtes de Guinée côtoient constamment l'Afrique, ils arriveront à Sofala ; et qu'en partant de ce point ils pourront gagner Calicut, le grand marché des Indes orientales.

» Avant que cet avis arrivât en Portugal, Barthélemy Diaz, longeant avec persévérance les côtes d'Afrique, avait découvert et dépassé le promontoire extrême qu'il appelait le *cap des Tempêtes*, en souvenir des rudes mers qu'il avait affrontées. C'est le cap que Jean II nomma le *cap de Bonne-Espérance*, parce que ce point extrême lui donnait la juste espérance, en le doublant, d'arriver aux grandes Indes. Diaz était de retour à Lisbonne en décembre 1487.

» En ce moment le Génois Christophe Colomb, poursuivi par le désir universel de trouver une voie de mer qui conduisît aux grandes Indes, voulait y parvenir par l'occident. Il ne conçut pas du premier coup qu'il trouverait à mi-chemin d'autres Indes, avant d'arriver aux seules qui fussent connues et cherchées.

» Cinq ans après la découverte du cap de Bonne-Espérance, Christophe Colomb découvrait les Indes occidentales, qui l'empêchèrent par le fait de découvrir une route conduisant aux Indes orientales, dans la direction de l'ouest.

» Cinq autres années plus tard, en 1497, Vasco de Gama double le cap de Bonne-Espérance, côtoie l'Afrique, aborde à Mélinde, et là se procure un pilote arabe qui le conduit à Calicut ; un marchand d'Italie s'y trouvait déjà.

» La route découverte, il ne faut pas croire qu'une libre concurrence allait résoudre l'importante question de la meilleure voie commerciale entre l'Occident et l'Orient.

» Le principal objet du commerce avec l'Orient était l'acquisition et le transport des épices. Nous avons déjà dit que la nature les produisait dans les îles Moluques et qu'elles étaient ensuite apportées sur le grand marché de Calicut. Les Portugais, pour simplifier la question, prennent à la fois ce meilleur port de l'Inde et les Moluques ; ils seront les seuls à transporter les précieux produits et par la seule route dont ils soient maîtres, par le cap de Bonne-Espérance.

» Alors les Vénitiens proposent aux Portugais de leur acheter, à prix fixe, toutes les épices rapportées de l'Orient, la consommation du Portugal prélevée : ils sont refusés.

» Voilà donc le plus riche commerce de l'Asie, confisqué de vive force et détourné de la voie qu'il suivait depuis l'antiquité, par le golfe Persique ou par la mer Rouge; puis par caravanes, jusqu'à la Méditerranée.

» Un autre événement se produisait pour ôter aux navigateurs occidentaux tout désir de commercer avec l'Orient par la Méditerranée.

» Dans la même année 1492 où Colomb partait pour les Indes, Isabelle et Ferdinand conquéraient sur les Maures le royaume de Grenade. Bientôt après, les musulmans qui ne voulaient pas se faire chrétiens étaient expulsés d'Espagne. Les exilés qui peuplèrent la côte occidentale d'Afrique, voulant satisfaire leur vengeance, se firent corsaires sur les côtes barbaresques. Pendant trois siècles, ils ne cessèrent pas d'infester la Méditerranée, jusqu'à la conquête de l'Algérie par les Français.

» Durant ces trois siècles les arts maritimes ont fait les progrès les plus remarquables; les frêles bâtiments avec lesquels les Portugais risquaient leurs premiers voyages, ont été graduellement remplacés par des navires d'une capacité plus grande, de formes mieux calculées, d'une vitesse combinée avec plus d'art. On est arrivé de la sorte à ces modernes et magnifiques clippeurs, qui réunissent la rapidité de la marche à l'économie des transports.

» Lorsque l'application de la vapeur à la navigation eut été très-perfectionnée, on essaya, par la voie du cap de Bonne-Espérance, de mettre la vapeur en concurrence avec la voile.

» Le nouveau moyen fut trouvé trop dispendieux; une riche compagnie qui l'entreprit fut ruinée, et la voile continua de suivre seule cette voie.

» Mais il n'en fut pas ainsi lorsqu'on appliqua la vapeur au trajet par mer d'une route beaucoup plus courte, et mieux pourvue de points intermédiaires où l'on pût former des dépôts de combustible.

» On établit deux lignes de navires à vapeur afin de communiquer: l'une de l'Angleterre avec Alexandrie, l'autre de Suez avec les grandes Indes. On transporta les voyageurs, les lettres et les métaux précieux, à dos de chameau, entre Alexandrie et Suez.

» Alors on obtint des communications de 30 jours, de 25 jours et même moins, au lieu des 3 à 4 mois qu'exigent les parcours ordinaires par le cap de Bonne-Espérance.

» Mais on n'obtenait d'aussi rapides traversées que par l'emploi des navires pourvus d'une très-grande force motrice, laquelle exigeait une énorme consommation de combustible.

» La dépense est surtout excessive dans la mer Rouge et dans l'Océan occidental. On en jugera par les prix suivants rapportés dans les papiers du Parlement britannique, au sujet des communications avec l'Inde par la vapeur.

» Dans l'année 1851 la houille propre à la navigation coûtait :

» 1°. Entre Plymouth et Alexandrie, 22 francs 50 centimes ;

» 2°. Entre Suez et Aden, 67 francs ;

» 3°. Entre Aden et l'Inde, 37 francs 50 centimes à 45 francs.

» De tels prix rendent impossible l'emploi de la vapeur pour le transport des produits ordinaires par l'Égypte, entre l'Inde et l'occident de l'Europe.

» Nous pouvons en donner une démonstration frappante ; elle nous est fournie par les résultats commerciaux de la dernière année dont l'Angleterre ait publié les états officiels.

» En 1854, les navires à vapeur, allant d'Angleterre en Égypte, offrent un tonnage total de 26,170 tonneaux.

» Dans la même année, la Grande-Bretagne expédie par le cap de Bonne-Espérance 1,686 navires à voiles dont la capacité totale est de 971,879 tonneaux

» Par conséquent, dans l'état actuel des choses, à chaque tonneau de transport à la vapeur entre l'Angleterre et l'Égypte correspondent 39 tonneaux de transport à la voile par le cap de Bonne-Espérance.

» Concluons qu'aujourd'hui dans l'absence d'un canal maritime, tel que celui de Suez, le transport économique, le vrai transport commercial des produits ordinaires ou de valeur inférieure, appartient à cette dernière route exploitée en tirant parti de la seule action du vent.

» Mais, à dater du jour où l'on aura percé l'isthme de Suez, voyons quelle sera la longueur comparative des routes navigables par ce canal et par le cap de Bonne-Espérance ?

» Un savant hydrographe de la marine impériale, M. Gressier, a dressé le tableau comparatif des distances entre les principaux ports de l'Europe et l'île de Ceylan : 1° par le cap de Bonne-Espérance ; 2° par Suez, en prenant pour unité le mille marin de 60 au degré : 1,852 mètres. Voici ce tableau.

DÉSIGNATION DES PORTS.	DISTANCES EN MILLES GÉOG.		RACCOURCISSEMENT par Suez.
	Par le Cap.	Par Suez.	
Saint-Pétersbourg....	15,660	8,630	45 p. 100.
Stockholm..............	15,330	8,290	46 »
Hambourg.............	14,650	7,610	48 »
Amsterdam.............	14,450	7,420	49 »
Londres................	14,340	7,300	49 »
Le Havre..............	14,130	7,090	50 »
Lisbonne...............	13,500	6,190	54 »
Barcelone..............	14,330	5,500	61 »
Marseille...............	14,500	5,490	62 »
Gênes.................	14,690	5,440	63 »
Trieste et Venise...........	15,480	5,220	65 »
Constantinople.....	15,630	4,700	70 »
Odessa.................	15,960	5,080	68 »

» A la vue des énormes économies dans la longueur du parcours, il n'est pas un marin de la Méditerranée, Catalan, Français, Génois, Grec ou Vénitien, qui n'entreprenne hardiment, avec un bâtiment à voiles bien construit et bien gréé, de lutter en passant par la mer Rouge, contre la navigation si détournée par le cap de Bonne-Espérance.

» Les Grecs avant tous les autres, eux qui naviguent avec tant d'audace et de succès entre toutes les îles de leur Archipel, les Grecs seront les premiers à braver les dangers de la mer Rouge : dangers avec lesquels ils seront bientôt familiarisés. Les autres marins de la Méditerranée ne resteront pas en arrière, et ceux de l'Océan suivront.

» Un autre résultat qu'il importe d'examiner est la force moyenne des navires qui font le commerce de l'Inde. La capacité du navire moyen s'élève à 576 tonneaux. Un très-petit nombre surpasse 2,000 tonneaux ; un très-grand nombre varie entre 300 et 400.

» Concluons d'abord qu'avec les dimensions adoptées pour le canal de Suez, les plus grands navires à voiles pourront, au lieu de faire le tour de l'Afrique, passer avec leur plein chargement par la voie de ce canal.

» Jusqu'à quel point pourront-ils le faire, non-seulement avec plus de rapidité, mais avec plus d'économie ? C'est un calcul qu'il ne nous appartient pas d'entreprendre, et dont les résultats peuvent varier entre de larges limites. Il nous suffit d'avoir montré de quel côté doit être l'avantage.

D.

4

Emploi des navires mixtes à vapeur.

» A la rigueur, il n'est pas besoin de savoir si des navires purement à voiles auront ou n'auront pas économie à passer par le canal maritime ; une autre solution du problème sera tentée dès le premier jour.

» On munira les navires à voiles d'une force modérée fournie par la vapeur.

» Actuellement, lorsque les parcours n'ont pas trop d'étendue, ces bâti-ments mixtes soutiennent la concurrence contre la seule force du vent ; déjà, dans certains parages, ils ont la supériorité.

» Depuis quelques années, ces navires ont été l'objet, en Europe, d'une concurrence dont plusieurs fois nous avons rendu compte à l'Académie.

» On construit un grand nombre de bâtiments à voiles munis d'appareils à vapeur de force très-modérée. On en fait des bâtiments de commerce susceptibles de porter des quantités considérables de marchandises. Ce système nouveau présente des avantages spéciaux de sécurité, d'expédition, qui parviennent à compenser la dépense du combustible. Dans les parcours qui ne sont pas très-étendus, dans les voyages où l'on peut à bas prix renouveler ce combustible, la combinaison nouvelle est préférée, même pour le transport des objets du plus bas prix.

» L'Angleterre arrive à ce but avec des navires mixtes, à coque légère en fer ; la France y parvient avec des navires mi-partie de bois et de fer, par là plus légers encore et non moins résistants à la mer : ces derniers conviendront mieux aux navigations des mers tropicales. L'Exposition universelle de 1855 a décerné sa récompense du premier ordre à ces deux genres de constructions perfectionnées par MM. Ch. Napier, de Glascow, et L. Arman, de Bordeaux.

» Voulons-nous montrer comment le nouveau genre de constructions peut obtenir la préférence sur le pur navire à voiles, quand on a pas d'énormes distances à parcourir sans renouveler le combustible, il nous suffira d'un exemple.

» Entre les ports de Newcastle et de Londres, pour le transport de la houille, on préfère à tous égards, aux anciens bâtiments charbonniers mus par la seule force du vent, des navires mixtes où la vapeur vient en aide à la voile.

» Une semblable combinaison présentera de très-grands avantages quand on pourra naviguer sur le canal maritime égyptien, avec des navires mixtes du système anglais ou du système français. Tandis que pour aller dans l'Inde les navires purement à voiles auront à parcourir 20,000 à 30,000 kilomètres en passant par le cap de Bonne-Espérance, les navires mixtes n'en auront eux à parcourir que 10,000 à 14,000. Au lieu d'un voyage de trois mois, durée moyenne des traversées par le tour de l'Afrique, ceux-ci, par la voie la plus courte, n'emploieront qu'un mois et demi, tout au plus deux mois pour leurs traversées de moindre vitesse.

» Comme les navires passant par le canal maritime feront dans une année plus de voyages, leur capital rapportera davantage; et comme ils auront moins de dangers à courir, ils payeront de moindres assurances pour les chargements et les navires.

Considérations sur les assurances maritimes.

» Indiquons un fait remarquable. La Compagnie péninsulaire-orientale a rendu, pour l'année 1855, compte de ses dépenses et de ses bénéfices. Elle avait porté dans ses réserves une somme calculée d'après les dangers présumés de la voie par la Méditerranée et la mer Rouge. Non-seulement les prévisions n'ont pas été dépassées, mais l'absence de sinistres et de naufrages a produit un accroissement de réserve équivalent à près de 3 pour 100 sur les capitaux de la Compagnie. Un résultat de ce genre est plus démonstratif que les considérations les plus ingénieuses sur l'étendue plus ou moins formidable des périls présumés de telle ou telle mer, imparfaitement explorée.

» Le résultàt officiellement constaté, que nous venons de reproduire, acquiert une plus haute importance par la nature même des produits à transporter entre l'Orient et l'Occident.

» C'est précisément pour les voyages d'Orient que les économies sur les assurances auront le plus d'importance, parce que les marchandises venues des Indes orientales ont plus de valeur relative que celles du reste de la terre.

» D'après les dernières évaluations données par le gouvernement britannique, voici la valeur comparée des produits importés dans le Royaume-Uni, comparativement aux navires employés à les transporter.

Produits envoyés dans les Trois-Royaumes (1854).

	De l'Orient	Du reste de l'univers.
	664,851,350 francs.	3,149,936,475 francs.
Capacité des navires employés au transport................	579,721 tonneaux.	8,728,226 tonneaux.
Prix moyen des 1000 kilogrammes de marchandises transportées..	1,148 francs.	433 francs.

» Par conséquent, à danger égal, l'économie sur l'assurance pour un tonneau de marchandise est presque triple quand il s'agit des produits de l'Orient, comparés aux produits du reste de l'univers. Tel est l'avantage

4.

dont on jouira lorsqu'on substituera la voie de Suez à la route actuelle par le cap de Bonne-Espérance.

» Avec ses huit mètres de profondeur d'eau, le canal égyptien livrera passage aux plus grands navires de commerce, par exemple à ceux de 3,000 à 4,000 tonneaux. C'est précisément pour les navires de telles dimensions qu'une faible proportion de force, empruntée à la vapeur, produit ses plus grands avantages.

» Avec des machines à détente, ayant peu de volume et d'encombrement, mais capables d'agir au besoin sous des pressions de 4 et 5 atmosphères, on dispose d'une force qu'on peut faire varier pour répondre à tous les besoins de la navigation la plus inégale et la plus diverse, depuis le calme plat jusqu'au vent contraire le plus impétueux.

» Dans un travail approuvé par l'Académie, sur un Rapport rédigé par l'un de nous, M. le commandant Bourgois a fait voir le progrès de la navigation mixte à vapeur, et les succès de cette navigation dans les transports du commerce.

» La statistique des constructions navales de la Grande-Bretagne publiée par le Ministère du Commerce, *Board of Trade*, nous fournit la mesure mathématique de ce progrès.

» Nous choisissons la dernière année, 1854, pour laquelle le gouvernement ait publié ses tables officielles :

Tonnage total de la marine marchande britannique en 1854.

Navires.	Existants enregistrés.	Construits dans l'année.
A voiles............	3,915,076 tonneaux.	132,687 tonneaux.
A vapeur..........	305,255	64,255

» La simple vue de ce tableau nous révèle un fait important. Pour remplacer les pertes annuelles de toute nature, et concourir au développement de la flotte commerçante, la Grande-Bretagne ajoute dans une année par ses constructions neuves :

> Un tonneau de navire à voiles, pour   30 tonneaux existants.
> Un tonneau de navire à vapeur, pour   5 tonneaux existants.

« Telle est la rapidité merveilleuse avec laquelle la vapeur prend sa place dans la marine commerçante britannique.

» Ces progrès trouveront l'une de leurs plus belles et plus puissantes applications dans la navigation nouvelle qui s'ouvrira par l'isthme de Suez. La canalisation de cet isthme offrira, nous l'avons démontré, le premier concours libre et complet entre deux grandes voies navigables conduisant d'Europe en Orient.

» Le concours se présente à nos yeux tel que celui qu'a présenté la lutte entre les sciences de l'Europe et le soleil des tropiques, pour la production du sucre. Les progrès et les découvertes ont avancé constamment depuis un demi-siècle en faveur d'une production toute factice en nos climats tempérés. Il y a dix ans, la chimie rendait déjà les conditions égales entre les deux genres de production ; aujourd'hui la science a poussé plus loin sa victoire. Aussi le législateur est-il obligé de prendre des mesures de protection pour que le sucre produit, si nous pouvons parler ainsi, à force de soleil, n'ait pas trop de désavantage contre le sucre produit à force de science et malgré l'exiguïté de la chaleur dans nos provinces du Nord.

» De même il y a dix ans, la lutte de la vapeur et de la voile, par les deux routes qui vont se disputer la préférence, cette lutte n'aurait pas encore été décisive.

» Actuellement nous pensons qu'elle doit assurer la victoire aux moyens où la chaleur s'ajoute au vent pour donner l'avantage à la plus courte ligne de parcours, celle du canal maritime entre la mer de l'Inde et la Méditerranée.

» Dans six ans, époque à laquelle on peut espérer que ce canal et ses trois ports seront complets, l'art aura fait de nouveaux progrès ; ces progrès sont certains pour quiconque étudie l'esprit et la grandeur des tentatives déjà couronnées de succès.

Accroissements du commerce entre l'Angleterre et l'Orient, depuis l'origine du siècle.

» Nous terminerons par un dernier aperçu notre Rapport.

» Pour la principale puissance commerçante, celle qui possède aujourd'hui dans l'Inde cent soixante et onze millions de sujets ou de tributaires, des nombres officiels et précis nous font connaître le développement du commerce et de la navigation avec l'Orient depuis le commencement du siècle.

» Dans l'année 1800, le commerce de l'Angleterre avec l'Asie orientale était représenté comme il suit :

1800 { Produits envoyés de l'Orient en Angleterre. . . . 123,556,025 francs.
{ Produits envoyés de l'Angleterre en Orient. . . . 70,875,015 »

» Combien, à cette époque, les arts de l'Europe étaient encore impuissants à payer les riches produits du climat et des industries d'Orient !

» Voyez maintenant, en 1854, quels magnifiques changements a produits sur ce commerce le progrès des sciences européennes appliquées aux manufactures; les produits fournis par l'Occident décuplent en cinquante-quatre ans!...

1854 { Produits envoyés de l'Orient en Angleterre. . . . 664,851,350 francs.
     { Produits envoyés de l'Angleterre en Orient. . . . 656,946,525 »

Voilà donc au total, en un demi-siècle, le commerce d'Orient métamorphosé pour arriver à l'équilibre.

» Les importations et les exportations réunies s'élèvent à 1,321,797,875 francs. Sur cette somme de produits, il suffirait que les revenus du canal maritime s'élevassent à 26 millions, c'est-à-dire à 2 pour 100 des produits effectivement transportés par un seul peuple maritime.

» Si le commerce d'Orient continue de s'accroître, pendant dix ans, suivant le même rapport que dans les dix dernières années dont les résultats nous sont connus, il présentera les trois termes suivants d'une progression géométrique :

Accroissement de 1844 à 1854, mesuré par les exportations de produits britanniques
10,000 : 21,918.

Somme des importations et des exportations.

1844. . . . .   607,805,000 francs   }
1854.   1,321,797,875   »   } produits accomplis.
1864. . , . .   2,915,843,000   »   produit calculé.

» En 1864 on pourrait ouvrir l'exploitation du canal maritime de Suez, si, dès l'année 1858, l'on commençait les travaux de construction. Pour obtenir, en commençant, la perception désirable au succès de l'entreprise, il suffirait que l'on prélevât moins de *un pour cent*, sur la valeur des produits transportés.

» Dans ce calcul on ne tient pas compte du riche commerce, qui s'accroît aussi chaque année, entre l'Orient et la France, les villes Hanséatiques, la Hollande, l'Espagne, l'Italie, la Grèce, etc.

Conséquences anticipées du canal maritime de Suez.

» En définitive, le grand canal de l'Egypte sera la seule route maritime pour communiquer, sans détour immense et sans solution de continuité, entre l'Europe, l'Afrique septentrionale et le monde oriental. Il ouvrira la voie la plus économique entre 300 millions d'Occidentaux qui possèdent la science, l'industrie, l'opulence, et 600 millions d'Orientaux auxquels la nature et l'art ont donné : en Australie, la laine et l'or; en Arabie, le café, les aromates; en Océanie, les épices; en Chine, le thé, la porcelaine; dans l'Inde, la soie, le coton. Les neuf dixièmes du genre humain seront mis en communication directe avec une voie navigable à laquelle vont se rattacher d'abord tous les grands travaux publics en cours d'exécution sur notre hémisphère, puis tous ceux que l'on prépare à la seule annonce du nouveau *trait d'union* que l'on veut tirer sur la carte des deux mondes.

» L'Académie nous permettra de lui soumettre la pure énumération des rapports qui s'établissent entre le progrès actuel des nations les plus actives et l'entreprise projetée. C'est un tableau plein d'enseignements.

» Dans l'Indostan, l'Angleterre perce des chaînes de montagnes pour ouvrir des chemins de fer, depuis l'Océan jusqu'aux plaines immenses où la culture du coton peut aisément être décuplée. Il s'agit de suppléer au produit insuffisant des Etats-Unis. Ce coton d'Orient, que l'on transporte maintenant par la voie si longue du cap de Bonne-Espérance, et que l'on s'apprête à multiplier par centaines de millions de kilogrammes, aussitôt que s'ouvrira le canal égyptien, l'on pourra l'apporter à Manchester plus vite, à de meilleurs termes et plus en état de soutenir la lutte avec les concurrents si fiers et parfois si menaçants de l'Amérique septentrionale.

» Manchester a cette puissance qu'elle dicte à l'Angleterre ses convictions commerciales : ville avant tout pratique et logique, elle n'admet pas les obstacles qui s'appuient autre part que sur ses intérêts et sa raison.

» Les gouverneurs de l'Inde britannique achèvent le long canal de la Jumna, qui double la navigation du Gange et qui la fait remonter au pied des pentes de l'Hymalaïa. On étend jusque-là le parcours fructueux de la navigation qui deviendra la plus directe entre la Grande-Bretagne et quatre-vingt millions de ses sujets, concentrés avec leurs richesses dans le bassin gangétique.

» Quand l'Australie triple en dix ans sa population, et quadruple en quatre ans son commerce avec l'Europe (1), elle appelle avec d'autant plus de puissance une voie moins longue que les six mille lieues de route détournée qui l'éloignent de l'ancien monde. En 1856, elle a passé contrat pour transporter par l'Égypte ses voyageurs, sa correspondance et son or,

______

(1) Valeurs des produits britanniques exportés en Australie :

Dans l'année 1850.	62,549,850 francs.
Dans l'année 1854.	273,283,800 »

en attendant que ses produits communs suivent cette voie devenue comp é-tement maritime.

» Des conséquences du même ordre attendent les grands travaux qui s'accomplissent en Europe.

» Lorsque l'Autriche prolonge le réseau ferré de la Lombardie jusqu'à Venise, et le réseau de l'Allemagne depuis le Wéser, l'Elbe et le Danube jusqu'à Trieste, l'Autriche ouvre par cela même à l'Allemagne, aux provinces cisalpines, la voie qui conduit par l'Adriatique aux trésors de l'Orient.

» A la simple idée d'un canal de Suez appelant les navires de la Méditerranée et les détournant du cap de Bonne-Espérance, l'Italie voit renverser le problème dont la solution directe fit sa ruine il y a quatre siècles; aussitôt la Péninsule réveillée, invoquant le progrès des arts modernes, cherche à ressusciter ses prospérités du moyen âge.

» Le simple Conseil municipal qui remplace à Venise la glorieuse République dont le Doge épousait la mer, et l'épousait en souverain, ce Conseil établit une Commission d'enquéte; il la charge de retrouver les traditions du Levant par la voie d'Egypte, et d'explorer les moyens nouveaux d'en reproduire la grandeur. L'Institut scientifique de l'Etat vénitien propose un prix à celui qui montrera le mieux quelles seront les conséquences probables du canal maritime de Suez; et quel ensemble de voies territoriales de communication pourra de nouveau rendre Venise le centre commercial correspondant à cette route de l'Inde. C'est le 30 mai 1857 que sera décerné ce prix.

» De son côté, le royaume de Sardaigne, cette abeille laborieuse au courage plus grand que le corps, la Sardaigne ouvre à la fois ses Alpes et ses Apennins à la Suisse, à la Savoie, au Piémont, pour tout conduire au port de Gênes. La Sardaigne va plus loin : elle vote une loi pour élargir ce port aux grands souvenirs; pour l'accroître, suivant l'exposé des motifs, dans la vue de suffire au nombre des navires que le canal maritime égyptien va faire affluer dans le berceau des Christophe Colomb et des André Doria.

» Il n'est pas jusqu'à l'État romain qui, dans la même prévision, trouve ses ports insuffisants. Une commission pontificale est instituée pour chercher au delà du Tibre, du côté de l'orient, une baie propre à recevoir de grands navires, et dont l'art puisse faire un port marchand de premier ordre. On rattachera ce port au long chemin de fer qui conduira de Calais à Naples, par Paris, Florence et Rome : nouvelle voie pour aller plus directement de Londres dans les mers de l'Inde.

» L'Espagne aussi se réveille. Elle conduit ses chemins de fer, du centre de l'État, à Barcelone, à Carthagène, à Cadix; elle appelle à la fois l'Anda-

(33)

lousie, la Murcie, la Castille et la Catalogne à vivifier les Philippines, ses Antilles d'Asie. Il suffira de mettre à profit la voie raccourcie de la mer Rouge et de la Méditerranée.

» A l'exemple de l'Institut vénitien, la Société Économique de Barcelone propose un prix dont le sujet est choisi dans le même but et dans la même espérance.

» Le mouvement s'est propagé jusqu'aux confins de la mer du Nord. La Hollande tourne ses vues vers la voie maritime qui préoccupe le monde, et pour laquelle elle a prêté le premier ingénieur de ses travaux hydrauliques (1). Le roi de Hollande a fait choix d'une Commission composée des chefs du commerce, de l'industrie et des travaux publics ; il leur a prescrit d'étudier les conséquences qu'aura l'ouverture du canal égyptien sur la navigation et le négoce d'un État qui possède encore dans l'Océanie les îles de la Sonde et les Moluques. Ces belles possessions, révivifiées depuis un tiers de siècle, sont plus que doublées dans leur force productive. Il s'agit déjà d'un mouvement commercial annuel de *trois cents millions* à faire passer par l'Égypte.

» Les villes Hanséatiques s'apprêtent à profiter des lumières recueillies par la Hollande.

» Tels sont les faits qui nous frappent par leur ensemble. La seule annonce d'une voie navigable et libre, qui s'offre à tous les peuples maritimes, les a mis tous en mouvement. Chacun d'eux fait ses calculs, consulte son expérience et mesure la route promise ; chacun se prépare à lutter sur le théâtre d'une activité nouvelle, pour recueillir des bienfaits qui seront partagés entre tous les concurrents, selon leurs efforts et leur génie.

» Dans cet élan général de tant de peuples éclairés, on pourrait nous accuser d'avoir omis un seul nom. Mais toutes les nations prononceraient pour nous celui du peuple qui n'est envieux d'aucun autre et voudrait être utile à tous. C'est en même temps la nation qui donne l'impulsion vers tous les buts généreux, au lieu de la recevoir.

» Vous l'avez vu dès le commencement de notre Rapport, le promoteur de l'entreprise, si bien secondé par un Membre éminent de l'Institut ; les ingénieurs des ponts et chaussées auxquels appartiennent les plans et les devis du canal et des nouveaux ports ; le contrôleur de l'étude géologique et des forages ; le géographe, auteur du beau nivellement, qui fait disparaître une erreur énorme accréditée depuis vingt-quatre siècles ; l'hydrographe, auteur

---

(1) M. Conrad.

D. 5

de l'étude des rades, des marées et du régime des eaux dans le bosphore projeté : tous ces créateurs du canal appartiennent au même pays. Sans rien ôter à l'honneur des collaborateurs étrangers, sans rien ôter aux juges expérimentés dont nous avons signalé les services internationaux, et dont la part contributive est si recommandable, nous nous contenterons de dire : MM. Ferdinand de Lesseps et Barthélemy Saint-Hilaire, MM. Linant-Bey et Mougel-Bey, MM. Renaud, Bourdaloue et Lieussou sont tous des enfants de la France ; et leurs travaux sont dignes d'elle.

» Nous résumons d'un seul mot notre jugement sur l'œuvre considérable soumise à notre examen, œuvre expliquée dans les Mémoires de M. Ferdinand de Lesseps et dans les calculs, les plans, les devis, les rapports à l'appui : *la conception et les moyens d'exécution du canal maritime de Suez sont les dignes apprêts d'une entreprise utile à l'ensemble du genre humain.*

» Par ces simples mots nous croyons exprimer, dans sa plus grande étendue, le jugement favorable de toute l'Académie.

» Nous vous proposons de déclarer que les Mémoires présentés par M. Ferdinand de Lesseps, tant en son nom qu'en celui de ses collaborateurs, sont dignes de votre approbation. »

Les conclusions de ce Rapport sont adoptées.

PARIS. — IMPRIMERIE DE MALLET-BACHELIER,
Rue du Jardinet, 12.